THE FOREST

我，哈利
生活的餐桌與工作的餐桌

写真
料理
文字

BOYA LEE

The Forest

從字面上解釋，書上紀錄了我們從住了二十幾年的台北市區，移住到台地邊緣三年當中的生活片段。

晨、午、黃昏、深夜，春夏秋冬，乾、濕、晴、雨，打開門，一整座山谷在萬千色階的綠意中，編織著濃郁、閃爍、花白、粉金線條。蚯蚓、蜜蜂、蟬、小蛇、蝸牛、鳥與螞蟻，更是四季中，門一開，沒約就來的訪客。

其實，我想說的是Face Book這座社群「大森林」。自成一格的生態系、舒適圈與Danger Zone。

提醒：本書內容以頻繁出現的酒精訊息佐各類料理與簡單生活。警語僅在此提示，書中不另贅述。
＊酒後不開車，安全有保障。未成年請勿飲酒。

我在「日常生活」的第一個展覽，發芽出第一本書《在移動的餐桌上，旅行》。
開始與不同品牌的合作，然後冒出第二個展覽和第二本書。這一切十分真實
地在臉書上發酵，在現實中成真。

謝謝住在臉書森林裡，常來串門子的鄰居們。偶爾路過，點個頭的旅人們，
歡迎進入「森林」。

林口運動公園，有一個好大的直排輪練習場，假日時總擠滿了
夢想著自己會飛的大小朋友。冬天有霧的夜晚，便成了離夢想
又更近一步的「冰上世界」。

住在台地的邊緣。早晚帶哈利散步時，不知不覺學會了像哈利一樣好奇地觀察路邊、野地裡，不同的季節中，有什麼令人意外的小花小草冒出來？這些被放大仔細端詳的花草，每一株都各具姿色。

CONTENTS

封箱膠帶標示的範圍，就是日後餐桌擺放
的位置。我們挑了可以兩階段伸縮的樺木
色長桌，讓生活也可以伸縮自如。

CONTENTS

在森林的第二年，買了一棵蘋果樹。整整一年
過去了，終於開花，然後，結了一顆果實。小
小的，嬰兒拳頭般大小的一顆「蘋果」。

我

ボーヤ

Boya

森林移住

「哈利，誰回來了？」、「哈利，不要舔腳！」、「哈利
誰要帶你去小便？」、「哈利噴噴」、「怎樣？哈利」、
「乖乖才有乖」……

每次到了用餐時間，哈利總是在桌子底下先繞個幾
圈，選定目標大腿之後，用鼻子頂個兩下，接著把
下巴靠上來；聽到外出散步的關鍵字，會像小馬一
樣跳躍，然後追著尾巴繞圈：晚上十一點過後，瞬
間化身無脊椎動物，任人百般蹂躪也無動於衷。

這是哈利六年十個月以來的平凡日常，像似班・艾
佛列克在電影裡，每次醒來，總得從火車窗外相同
的場景開麥拉，再演一遍。雖然接近鬼打牆，卻是
我保持每日身心平衡的翹翹板。

在台北市居住了22年之後，我們決定移民林口。帶
著我們的小公司，三個人和一隻狗。面對著不只一
萬坪的森林，比台北盆地安靜許多的人車和舒適兩
度的氣溫，還有每年一月準時盛燦的山櫻花與霧，
以及霸氣的東北季風。

這是我在森林圍繞的台地上的第三年，每天在窗外
的晨霧與鳥叫中醒來。「早安，哈利！」，摸摸在床
邊把尾巴搖得像雨刷的哈利，然後帶著保溫瓶，一
起下樓……

門口的山櫻花。每年盛開季節，總佔滿了整個窗子的視線。冬天時會
掉光樹葉的楓樹，以及春天開滿整座山谷的油桐花，台地上比平地低
了兩度的氣溫，也讓我們對四季多了20％的銳利度。

打開門就是一座森林。夏天很熱，冬天也冷，
像這樣可以在陽台吃早餐的舒適天氣，一年也
沒幾天。卻也是我們離開城市的最大原因。

19

Co-Livng
Co-Working

瓦斯爐檯面使用過後，要用洗碗精抹過擦乾，浴室地板也要乾。進門後車子鑰匙要先掛回原位。哈利的飼料一次舀五瓢。除濕機滿水位的紅燈亮時要馬上倒掉。早餐Kelvin負責，午餐Sam煮麵，晚餐有時我張羅。早上下樓時像開店，閉店時，記得留一盞燈……

「新同居時代？」、「多元成家？」、「人民公社？」、「Utopia？」……無論如何被定義，都只是比較容易形容的說法。「共同生活Co-Livng」的概念很簡單，卻需要許多的包容與相互理解作支撐，通用性的生活標準，更需要產出共識當作基礎，更何況我們還一起工作（Co-Working）。

吃完飯有人洗碗，有人帶哈利散步，沒人閒著。在最短的時間內佈置成觀看Netflix的場景。燈關掉，影集開始……

這是我們住在森林邊緣的瑣碎日常，步調緩慢，已經過了第三年。

Cheers!

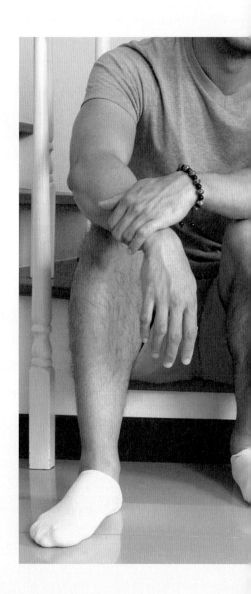

哈利

ハリー

Harry

乖乖才有乖

哈利是個「穩定性高、好溝通」的「孩子」。也頑皮，會耍賴，與主人們的作息同步率，幾乎無縫密合。寫這段文字的凌晨兩點，鄰居的愛犬已連續鬼叫超過十分鐘。

即使已經回答過兩千遍，如果上架「FAQ」答客問應該會較簡單？但我還是很樂意地再次「導覽」：哈利的左耳和左腳趾，在出生後被懷了六胎卻只生下小哈的狗媽媽，舔、掉、了！原本可以完美地長大，卻在踏上「名犬養成」的起跑點，提早下架了。

始終，哈利無法步上和他父親一樣的閃亮舞台，卻從三個月大開始，參與了我們的日常生活。雖然明年的四月一日，他就滿七歲了，我們每天還是會說很多遍：「哈利，要乖乖才有乖！」摸摸他傻傻的小臉，然後送上一塊小圓餅。

除了睡太飽之外，哈利常常用伸懶腰來「化解尷尬」。
例如：「舔腳」舔到最高潮之前被抓包。

胖胖

對哈利而言，中文發音的「四聲」字，如小「便」、哈「利」等帶有爆裂音的名詞或形容詞，最具溝通效果。「胖胖」就是基於上述理由下的產物。胖胖是「吃飯」的代名詞，純粹好發音，以及容易達到「招喚」效果！

回到「胖胖」身上。除了狗飼料之外什麼都感興趣的哈利，在正餐之外，總喜歡到處嘗試可以吃的機會。聽到塑膠袋聲音時，自動與食物做連結。主人用餐時間，隨機進行桌邊無辜攻勢，成功機率高達75%以上。所有乳類製品，基本上必殺……

無需絞盡腦汁地餵食蔬菜（反正成效欠佳），哈利擁有在野地裡公園中，攝取葉綠素的動物本能。唯一要擔心的是，如何在冬天克制太好的胃口，變胖胖！

「靠臉吃飯」是模特兒的基礎門檻。「穩定性」
更是犬貓攝影界夢寐以求的「天花板」。

哈利地板動作極佳，要臭臉要燦笑，收放自如，
至於天花板，或許隔壁的貓比較容易爬上去。

哈利歷險記

有一段時間，我們讓哈利早晚自己出門散步。如此
難能可貴的自由時光，他當然「尿好尿滿」後才會
乖乖回來。

散步的時間少則一個小時，最多超過兩個鐘頭。白
天太陽毒辣時，五分鐘十分鐘後就自己回來喝水吹
冷氣，傍晚可能玩久一點，有次超過一個半小時還
不見狗影，馬上出門找尋。就在一個轉彎處，看見
他仿佛置身巴黎街頭般地悠閒，到處尿尿聞聞……

直到有一天，哈利不見了。

總之，已經超過十六小時，還不見哈利蹤影。期間
大家分頭騎車、開車到附近繞了許多圈，該問的也
問了，一籌莫展下，就當他發春，或外面有妻小，
應該很快就會回來吧？萬般焦急，終於熬到了社區
管理中心的一通電話：哈利回來了！在二十四小時
內，我們失去哈利又復得。

據說，哈利在公園慘遭一群野狗圍攻，一位在附近
工作的好心人出面解圍，將他帶回家過了一夜。隔
天送回公園時遇見散步的鄰居大嬸，終於結束了這
場意外的旅程。

回家後的哈利，沒有少一個腎，小雞雞也還在，只
是腳指甲全被修剪整齊。哈利洗了澡，睡了一天，
也趕上了隔天的中秋節！

床的世界

除了吃飯、散步尿尿之外，「睡覺」是哈利生活中花最多時間消磨的事情。平時房子任他整間走透透，掉毛季節來臨時，上樓路口會立馬設下「路障」。氣溫二十六度以上會自動跑來有冷氣的房間過夜，二十三度以下便很舒服地把厚地毯當床。

會說夢話也會打呼，簡直「生物氣象台」的哈利，因為穿著「三層毛」過四季，所以對溫度的敏銳感知和鼻子相去不遠。樓梯間、廁所地板、電風扇風口、廚房地磚、餐桌底下、腳背、煤氣爐送風處……除了床上和沙發，可以睡的地方，他都試躺過了。

每天為他鋪床、蓋被子，起床後再收拾整齊。冬天會把墊子加厚，夏季只要一條薄毛巾。只差沒說床前故事或唱搖籃曲，睡前拍拍身體摸摸臉，三五分鐘就過去了，時常浮現照顧小孩的錯覺呢！

年紀越大，哈利「黏住地板」的時間越來越長。除了伴隨著打呼的熟睡狀態，「厭世Look」應該是大白天最常見的地板動作。

生活的餐桌

エブリデイ テーブル
Everyday Table

麗似夏花

我們都叫他「羅導」。羅品喆導演拍過許多令人印象深刻的商業廣告影片，他帶著剛剛印好的新書來看我們。Nico是我們認識超過十五年的老朋友，大家總會在每個人生階段性的關頭，給予打氣祝福，雖不特別黏膩，熱情始終如一。

「老朋友認識新朋友」是當日聚會附加的目的之一。每一個朋友都擁有獨自上台發表兩個鐘頭以上的天份，一聲「很高興認識你」之後，滿屋子立刻熱鬧滾滾……幸好有愉快的交談和餐前飲料打頭陣，稍稍為進度落後的餐點爭取了一些收尾的時間。

除了「酒精」是友誼的橋樑之外，敞開的心也是。我們從午餐無縫地聊到「料理教室」現場。準備好的蛋糕卷材料，打算和大家一起完成今天的下午茶點。臨場感十足的共同製作，一直是聚會中受歡迎的餘興節目，況且大家參與其中。光是蛋白要打到幾分發，就足以爭論不休……

頂樓的下午茶，有剛完成的蛋糕卷，以及羅導研究多年的「人類圖」解盤。大家靠著牆、趴在地板，以最舒適的姿勢，想像著自己無限可能的未來……初秋黃昏的天空光線溫柔，像上了妝，麗似夏花。

我對於「食物造型」與「餐桌陳列」的興趣，不亞於製作料理本身。
每一個細節都值得獨立出來細細研究。

習慣先把餐桌佈置與餐具搭配就定
位，即使手腳不幸太慢，距離完美
上菜也只剩一步之遙。

第一次嘗試用「類毛筆」寫菜單，朋
友們在「欣賞」空盤子之餘，又有新
的轉移注意力話題。

我們一直沒有準備足夠的椅子。或許有，也是包含了單人沙發、戶外木條椅等，雖各具特色，卻難以湊成堆的混搭。某一類型的朋友們，卻十分享受拿著餐盤與杯子，到處走隨處坐的Free Style用餐方式。除了體恤主人的「隨便」之外，是否也受到了愉快的餐桌氛圍感染？

麗似夏花烘蛋

4人份

材料

蛋	7顆
義大利辣香腸	6片
櫛瓜	6片(切片)
小黃瓜	半條(切片)
小番茄	4個(切對半)
帕馬森乳酪	50公克
大蒜	3瓣
黑胡椒	適量
鹽	適量
初榨橄欖油	適量
陳年葡酒醋	適量
羅勒葉	適量

做法

烤箱預熱至攝氏160度。

1. 將切碎的大蒜,以橄欖油炒出香味。
2. 加入櫛瓜、小黃瓜、小番茄稍微拌炒。
3. 將7顆全蛋一起放進大碗中,刨入帕馬森乳酪,以現磨胡椒粉和鹽稍微調味後,均勻打散。
4. 把蛋液倒入鍋中,放上義大利辣香腸。
5. 放入攝氏160度的烤箱,烤30–40分鐘即可。
6. 食用時,淋一些初榨橄欖油、陳年葡酒醋,放一小把羅勒葉增添風味。

不怕生的哈利是餐桌下
精明的觀察者。

誰帶著肉香又散發著善
意？誰有機可乘？吃飽
喝足後，又可在任何人
的腳邊，安然睡著。

用來寫菜單的墨水筆,意外地引起大家的
創作興致。寫生、練字,很容易就填滿下
午茶上桌前的空擋。

海老紫蘇炙鯛魚散壽司

4–6人份 　　　　　　　　　　　　　　Recipe by Sam Lin

材料

蝦子	20尾
鯛魚	2片
蛋	3顆
米	4人份
紫蘇葉	適量
海苔絲	適量
砂糖	適量
溫水	200毫升
柚子醬油	適量

做法

1. 米洗淨，放進電鍋煮熟後備用。
2. 蝦子去殼汆燙備用。
3. 鯛魚在放了少許食用油的平底鍋內煎至焦黃。倒入柚子醬油，煎到醬油稍微收乾，起鍋待涼後，剝成小塊備用。
4. 將蛋打散，薄薄一層地放入平底鍋內煎到均熟。待涼後，切成長條細絲備用。
5. 用溫水將砂糖融化備用。紫蘇葉切成細絲備用。
6. 取一大缽，把米飯倒入，用飯匙翻攪米飯，一邊扇涼米飯，一邊將糖水倒入混合。
7. 將蝦子、鯛魚鋪滿在米飯上，撒上蛋絲、紫蘇葉、海苔絲即可食用。

美好生活圈

當我第一次從總編輯口中聽到「美好生活圈」這個類別時，先是大笑了好一陣，平靜之後，卻真心覺得既直白又傳神。

我試著歸類一下，哪些行為或生活模式會被劃進這個「圈」？重視居家細節，對品味不妥協，喜愛料理及相關議題，關心環境，支持平權，渴望有機，以認養取代購買，熱愛旅行、演唱會、攝影、露營以及參加市集……？當我寫完上述一串分類時，幾乎所有的朋友都被涵蓋在內，每個人至少可以畫滿一個「正」字以上！

烏托邦概念的生活，不一定得站在物質社會的對立面，何況「同溫層經濟」已然是網路時代鎖定精準小眾的主流商業模式。以合理的方式換取最適當的生活需求，在透明自由的遊戲規則中，美好的漣漪，將會一圈牽動一圈……

「美好生活圈」對於「料理是生活品味的延伸」這個真理，
不但深信，而且身體力行。

小花園裡有一棵快到我肩膀高的咖哩葉。和所有香草植物一樣，可以是料理中的靈魂，也可以是配角，或者因為不起眼的外表，差點被鄰居誤認為野草。

永遠對生活充滿熱情，對新鮮的
事物感到好奇，流露出單純、沒
有雜質的單純的笑容⋯⋯或許就
是「美好生活」的態度吧？

奶油蕈菇北海道燉湯

材料

綜合蕈菇(蘑菇、袖珍姑、鴻喜菇、舞菇)
——————————————— 150公克
洋蔥 ——————————————— 300公克(切碎)
西洋芹 ——————————————— 100公克(切碎)
胡蘿蔔 ——————————————— 1條(切滾刀塊)
馬鈴薯 ——————————————— 4個(切滾刀塊)
無鹽奶油 ——————————————— 30公克
白葡萄酒 ——————————————— 30毫升
雞高湯 ——————————————— 300毫升
鮮奶油 ——————————————— 150毫升
牛奶 ——————————————— 200毫升
海鹽 ——————————————— 適量
現磨黑胡椒 ——————————————— 適量
平葉巴西里 ——————————————— 適量

做法

1. 在加熱的平底鍋以中小火融化無鹽奶油,將切碎的洋蔥、西洋芹與巴西里煎至洋蔥開始變透明。
2. 加入胡蘿蔔、馬鈴薯繼續拌炒。
3. 倒入白葡萄酒,將酒精蒸發。
4. 加入雞高湯、鮮奶油、牛奶,燉煮到馬鈴薯軟熟。
5. 用鹽和黑胡椒調味。
6. 將綜合蕈菇置於不放油的平底鍋中,拌炒至水分收乾。移至大碗中,放入切碎的巴西里、少許鹽和黑胡椒,擠些新鮮檸檬汁與橄欖油攪拌均勻。
7. 食用時,將綜合蕈菇置於燉湯上一起食用。

姊姊看完檢查報告後的午餐

餐桌上，我們花了很多時間，慢慢討論，該不該進入下一階段的療程？

當了一輩子小學老師的姊姊，彷彿自己不是當事人般地，將該讀的書籍與相關訊息羅列，和大家分享每一個的案例的可能性與結果，交叉評估我們主張的「自然療癒」——藉由生活本質的全然改變，讓身體機制重新設定……

上菜前，嗅到了一陣異味，驚覺是地下室的抽水馬達燒壞了。雖然十分鐘後水電工速速前來更換了一顆新馬達，結果在測試的當下又再度冒出一陣煙！這道雙倍「煙燻前菜」，意外地讓我們延伸出另一個議題：死亡。大家胃口大開地在餐桌上加入了「靈魂不滅」、「因果自然律」、「哈利這輩子過得很爽」等生命科學調味料。也順便提到了爸爸希望將身後的自己撒到太平洋……

心底的罣礙一但倒下，情緒終將自由。更容易辨識森林中密佈的小徑，哪一條通往出口，哪一條走向糖果屋。

餐桌上的「話題」不是問題。敞開心胸面對泰式檸檬魚、越南春卷、
花生冰糖豬腳。一入口，新世界開始從舌尖蔓延開來……

蘿蔔泥、蒜末、蔥花、香菜、薑泥、柚子醬油、
烏醋，辣椒可選擇。這幾乎是我們的百搭沾醬，
適用於火鍋、水餃或乾拌麵。

乾淨的食物帶來無添加
的喜悅。看得出原形的
食材，也看得見與身體
互動的樣子。

泰式香料檸檬魚

4人份   Recipe by Sam Lin

材料

鱸魚(或吳郭魚) ———	1尾
薑片 ———	6片
檸檬片 ———	6片
香菜 ———	適量
蔥段 ———	適量
魚露 ———	2小匙

裝飾用新鮮香草

香菜 ———	適量
九層塔 ———	適量
檸檬片 ———	3片

做法

1. 鱸魚清除內臟後,抹少許鹽。
2. 長盤內鋪上檸檬片,將魚放在檸檬片上面。加入薑片、香菜、蔥段,淋上魚露。中小火蒸大約12–15分鐘。
3. 裝盤時,以紫蘇葉、香菜、芹菜、九層塔裝飾,淋上蒸魚時產生的湯汁即可上桌。

干貝花生燉豬腳

4–6人份   Recipe by Sam Lin

材料

豬腳	6塊 (已切割)
乾干貝	1顆
胡蘿蔔	1條 (切滾刀塊)
花生	100–150公克
八角	2粒
肉桂棒	1支
月桂葉	1片
乾辣椒	1條
薄鹽醬油	100–150毫升
雞高湯	200–300毫升
冰糖	1小匙
白胡椒粉	適量
鹽	適量
食用油	適量

做法

1. 豬腳清洗後，用滾水汆燙一分鐘撈起備用。乾干貝用溫水泡開備用。
2. 熱鍋後，倒入適量食用油，將八角、肉桂棒、月桂葉、乾辣椒以小火煎香。
3. 將胡蘿蔔與花生放入拌炒。
4. 放入汆燙後的豬腳翻炒。倒入醬油讓食材上色。
5. 將干貝及泡干貝的水加入後，倒進高湯，以中火燉煮至豬腳軟熟。
6. 以冰糖、鹽、白胡椒粉調味即可。

飯禱愛俱樂部

大概在《Eat Pray Love 享受吧！一個人的旅行》這
部電影下片後不久，幾個好朋友建立的臉書群組。
成員有創意總監、空服員、兒童心理諮商師、藝術
指導。不記得有祈禱過什麼？只記得吃、聊旅行以
及一些別人的粉紅色的花邊……

我們一起在徐州路「貓下去」的晚餐，原本要寫進我
的上一本書中。當時John剛從荷蘭交換學生回來，
再一年就要從香港中文大學畢業。「咬學問」那一
晚，我們的確一起為Ingrid新的工作旅程舉杯。離開
內湖前，我們從下午開始做蛋白霜，低溫烤了好久
之後，胡亂地往上面鋪滿了草莓和覆盆莓，直接用
手撕開就吃，即使配著酸澀的氣泡酒，還是甜得要
命！搬到森林後，大家迫不及待要來看夕陽，屋頂
上13%酒精含量的夢想，天馬行空……

《享受吧！一個人的旅行》說的是一個對生活失去「胃口」的女人，
經由旅行、食物與愛，重拾面對生活的信仰與勇氣。

筷子彷彿手指的延伸，輕巧地啄起一口
食物，帶著老派的優雅。以筷子解決一
桌洋食，其實蠻性感的。

沒加蓋的夢想天南地北，可以從
下午開始編織到新月的輪廓越來
越清晰。

無法去日本只好來森林的阿嬤

自從在路上跌了一跤之後，Sam的媽媽不但在醫院住了一陣子，也請了個外籍看護。行動不便，起居生活需要旁人協助先不說，最令她難以接受的是，暫時無法去日本了。

日治時代在基隆和平島長大，天天面對一片往沖繩與日本本島無國界的海洋，或許難以被剪斷的繫絆從此紮根。

還走得動的時候，常常與她的女兒、孫女們結伴，東京、大阪怎麼逛也逛不膩，體力好得像十七歲高校女生，直到跌了那一跤。目前只能看著她的女兒與孫女們繼續飛大阪飛東京……

「食物是旅行的延伸」，如果有那麼一點點療癒作用的話，是否也可以作為「鄉愁」的安慰劑？

搭配米飯食，主場由她控制。大菜出巡，瞬間化身稱職花邊。醃漬
物存在於餐桌之必要！

「和平島，琉球一日間往返」……

Sam的媽媽常常回憶起小時候，台灣北海岸的昭和生活圈。語言、料理、生活方式，交織著幽微的美好記憶。

「一直想去某個地方」或許是對亞特蘭提斯般的原鄉，最深的想念？

綜合莓果馬茲卡邦蛋糕

8–10人份

材料

蛋	6顆
馬茲卡邦乳酪	250公克
覆盆莓	2杯
藍莓	1杯
砂糖	100+50公克
低筋麵粉	100公克(過篩)
陳年醋	適量
蜂蜜	適量
防潮糖粉	適量
薄荷	適量

做法

烤箱預熱至攝氏180度。

1. 將全蛋置於深盆中，以電動打蛋器低速打散後轉至高速，分3次加入細砂糖，打發至濃稠有光澤。
2. 加入麵粉，打蛋器調至最低速，迅速拌勻，避免攪拌太久產生筋性。
3. 倒入鋪好烘焙紙的平烤盤內後，稍微拿起朝桌子輕敲一下，讓氣泡出來。
4. 進烤箱以攝氏180度上下火烤7分鐘後，轉至下火烤4分鐘，即可取出放涼備用。
5. 海綿蛋糕去除烘焙紙，切對半。先鋪上一層馬茲卡邦乳酪、適量莓果，淋上蜂蜜，再抹一層馬茲卡邦乳酪後，蓋上另一片海綿蛋糕，重複前述動作。
6. 淋上濃稠的陳年醋、蜂蜜，撒上防潮糖粉，以薄荷裝飾，置於冷藏至少半小時後即可食用。

歡迎光臨，小森麵館

白蘿蔔、雞胸肉、排骨、乾干貝、金鉤蝦、海帶、小魚乾、整根蔥和香菜……雞胸肉、排骨汆燙後去渣，與其他材料一起放進裝滿冷開水的深鍋中，不加蓋，大火煮至小滾後，轉極小火。放兩隻筷子在鍋緣兩側，蓋上蓋子，讓空氣流動，至少熬煮一小時以上……

這是我們每天都會使用到的高湯材料與做法。不將鍋蓋密閉的熬煮，可以獲得一鍋清澈優雅，卻滋味濃郁的湯頭。這也是「小森麵店」的鮮味源頭。

「午餐主廚」Sam早已在腦內，將廚房內的煮麵工序與流程SOP化。一樣的湯底，不一樣的麵、調味料與配料，可以快速地在半小時內端出乾拌醋麵、肉燥麵、古早味油蔥酥湯麵、烏龍麵、新加坡叻沙蝦麵，或是換個湯頭，變成牛肉麵、肉骨茶麵……

我們要做的只有向主廚點餐。很快地，自己醃漬的麻油小黃瓜和台式泡菜會先上桌，接者，街上無法比擬的熱呼呼美味便陸續登場。

對了，除了指定店家的生麵、豆芽菜之外，豬油蔥酥，紅燒牛肉麵湯頭和酸菜也是Sam的拿手傑作。基本上，自家廚房已架構了一條隱形「產業鍊」。我們每次嚐到第一口時的驚呼，就是最真實的讚美與無價的「Apple Pay」！

我常「點餐」的新加坡叻沙蝦麵，一定要有檸檬角和
大量香菜，才有瞬間置身Pa Sat（巴刹）的暢快感。

再無辜的眼神也無濟於事！午餐不是哈利的主場。除了在湯湯水水裡頭撈出一些碎肉，能做的，只有悻悻然離場！

泡麵不只是泡麵。高湯、青蔥、蛋、大量
蔬菜以及冰箱找得到的零頭食材……和實
際煮一碗麵的時間其實差不多。

我特別喜歡煮完麵，將整個單柄鍋直接端
上桌的邋遢吃法，「柳宗理」式的 。

剝紅蔥頭，本身已極具時代感，更不用說接下
來的炸豬油了！抽油煙機要開到最大吸力，才
勉強讓整間房子不至於太可口。

冷卻後，凝結成霜白狀的豬油，交雜著金黃色
的油蔥酥，拌一大碗燙地瓜葉，一起回到阿嬤
的灶咖！

牛肉質地很重要，滷包很重要，醬油更是⋯⋯
不只是紅燒一鍋牛肉，每個細節都馬乎不得。

食譜中「步驟」的用意是：期許將每一個階段的
完成度達標後，再進入下一個動作。抄捷徑只
會讓該慢慢焦糖化的食材先燒焦！

回到紅燒牛肉，青蔥的香，洋蔥的甜，番茄的
酸，一樣都不能少！

南洋風叻沙蝦麵（Laksa）

2-4人份　　　　　　　　　　　　　　　Recipe by Sam Lin

材料

叻沙醬

紅蔥頭	5瓣
乾辣椒	2支
蝦皮	100公克
香茅	1支
蝦醬	2大匙
南薑	30公克
蒜	5瓣
八角粉	1小匙
芫荽子	1小匙
植物油	2-3湯匙

其他材料

椰漿	300毫升
雞高湯	1200毫升
油麵	300-500公克
溫泉蛋	2-4顆
雞絲	適量
青菜	適量
香菜	適量
檸檬	一小塊
鹽	適量

做法

1. 將所有叻沙醬的材料放進食物處理機或果汁機打碎成泥狀，用植物油調整濃稠度，備用。

2. 將叻沙醬，以中小火煎至香味飄出。加入椰漿煮滾後，倒入雞高湯繼續加熱至滾。

3. 加入油麵，煮到適當軟硬度，再加入青菜即可起鍋。

4. 食用時可依個人喜好加入水煮蛋或溫泉蛋、蝦子、油豆腐或雞胸肉絲……撒上香菜，擠一些檸檬汁，便可享受道地的南洋美味。

明天晚餐吃什麼？

有時候會連同後天也一併確認。這是一人食與一群人食最大的差異。兩個人以上的餐桌，不論吃的內容是什麼，總是免不了有最基本的「預備」、「進場」與「離場」流程。再簡單的料理，一樣會有洗不完的餐具。一個人用餐卻可以極簡到剩下一個盤子，或一只「柳宗理」。

我們一起工作，一起生活，面對的不只晚餐。一早蓬頭垢面下樓，向哈利說早安之後，便開始了每一天的固定循環。雖然沒有像進取的家庭主婦那般絞盡腦汁，大家在隨性的磨合當中，慢慢交集出屬於我們的「大眾口味」，當然仍保留了鹽酥雞、珍珠奶茶、泡麵、燒餅等私人「療癒食物」的人性化空間。

不需要趕時間、指定駕駛與限定穿著的假日晚餐，用餐時間常常超過兩個小時。穿著最輕鬆的衣服，天南地北的講東講西，慢慢消化花了許多時間準備的各種食物與酒精飲料，如果意識還清楚的話，少不了會順便討論一下：明天晚餐吃什麼？

家教不錯的哈利，不會主動攻擊食物。即使內心掙扎，
會等到「好，慢慢吃！」的口令後，才開始狼吞虎嚥！

有個生活在鄉間的小孩，每到黃昏便會看見遠處山坡上，出現一棟
金光燦爛的「黃金屋」。回頭看看自己居住的平凡小窩，小孩心中種
下了羨慕與嚮往的種子。有一天他終於爬上山坡，在黃昏時刻來到
了「黃金屋」。當他看見以為完美的城堡，卻只是一間無人居住的破
房子時，當下傻眼的程度，不是某一天早上醒來發現乳牙掉在枕頭
上可以比擬的！當他回過神來，轉過身，每天生活的那間小房子，
在夕陽的擁抱下，閃閃發光……

這故事要告訴我們的是：如同家庭式跑步機一樣，「烤肉架」不應該
被列入生活的「必需」清單當中！以此篇紀念，三年前以為終可實現
戶外BBQ美夢，卻只用過一次的烤肉架。

森林方圓內選擇不多且不甚美味的「外食」，也是我們不得不自己料理的原因之一。我們以一種「把餐桌變成餐廳」的概念，複製所有可以在餐廳吃得到的食物：義大利麵、印度咖哩、牛排、比薩、熱壓三明治、麻油雞、涮涮鍋、蚵仔麵線、紅燒牛肉麵、椒麻雞、檸檬魚……

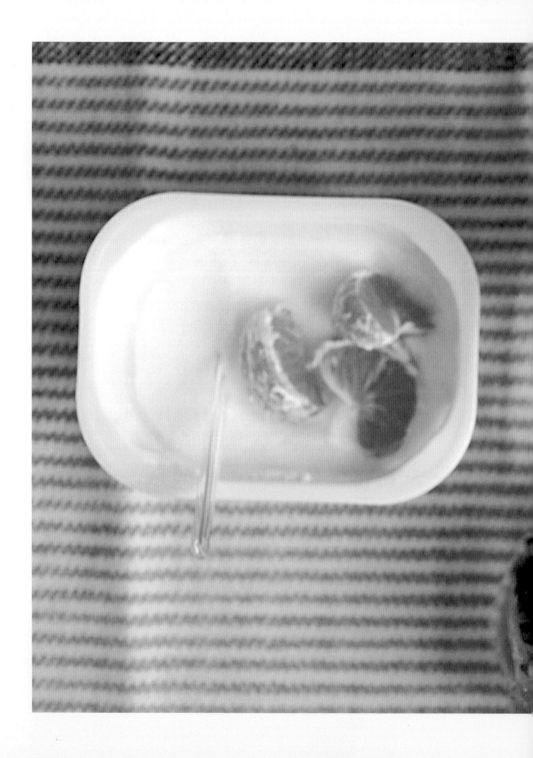

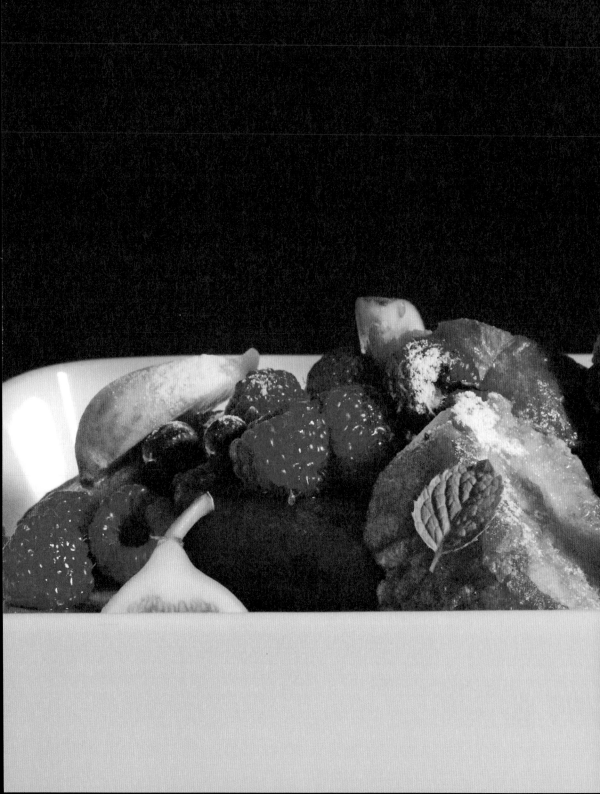

法式土司，內在差異不大，外表可以小家碧玉，也可以傾國傾城。

同事布萊恩，想藉甜點表「心意」，特地找我幫忙。
我們從情境模擬、預設達成目標、商品設定、執行
製作……簡直當作「專案」般慎重！

我考量了季節氛圍、對方偏好、食用方式、運送路
徑等使用者體驗流程後，帶著布萊恩，一步一步地
將「專案」完成。融入了情境與故事的作品，也在第
二天由他親自捧著成品前往「提案」。

我喜歡甜點，也喜歡做甜點。然而，比一般料理來
得「情緒化」的甜點，需要不斷地嘗試，從挫折中理
解，前進兩步退後一步……最後，終能在迷人的外
表下，嚐到令人悸動的內心。

99

焦糖蘋果翻轉蛋糕

4–6人份

材料

焦糖蘋果

蘋果 ——	6顆
無鹽奶油 ——	100公克
砂糖 ——	150公克
月桂葉 ——	1片
肉桂棒 ——	1支
檸檬汁 ——	100毫升

蛋糕體

低筋麵粉 ——	140公克
泡打粉 ——	1小匙
肉桂粉 ——	1/2小匙
鹽 ——	1/4小匙
砂糖 ——	300公克
無鹽奶油 ——	120公克
雞蛋 ——	2顆
香草莢 ——	1/2支
牛奶 ——	120毫升

翻轉蛋糕（Upside Down Cake）是十分家常的常溫蛋糕種類。

食譜中的「焦糖蘋果」，可任意換成當季的水果。例如：梨、李子、莓果、鳳梨、香蕉、桃子，甚至甜菜根、大黃（Rhubarb）等，都可變成翻轉到蛋糕頂端的季節美味。

做法

烤箱預熱到攝氏160度。準備一個直徑18-20公分的圓形烤盤，內側和盤底塗上一層薄薄的無鹽奶油，置於冷藏備用。將1/2支香草莢對切，把裡面的香草籽刮出備用。

焦糖蘋果

1. 蘋果去皮，切成約0.5公分厚度的片狀。
2. 平底鍋內加入無鹽奶油以小火融化，把切塊的蘋果放入與肉桂棒、月桂葉拌炒。
3. 加入糖炒至融化，倒入檸檬汁，繼續翻炒直到蘋果呈微焦糖化即可。
4. 將焦糖蘋果倒入圓形烤盤的底部，備用。

蛋糕體

1. 將常溫軟化的無鹽奶油置於乾淨的大碗，以電動攪拌器中速將砂糖逐次加入攪拌，直到質地光滑。
2. 分次加入雞蛋攪拌至滑順。拌入香草籽及牛奶。
3. 將低筋麵粉、泡打粉與肉桂粉輕盈且快速地分次拌勻後，倒進烤盤的焦糖蘋果上整平。
4. 放進已預熱至攝氏160度的烤箱中烤50–60分鐘，或者以細竹籤插入中心點已不沾黏即可。出爐後待涼即可食用。
5. 可搭配打發的鮮奶油一起食用。

鹽漬櫻花

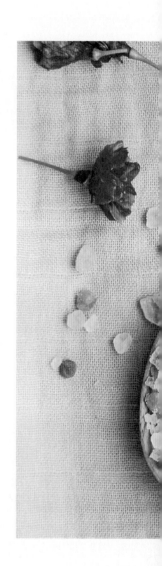

家門口原本有兩棵高大的山櫻花（複瓣緋寒櫻），其中一棵在去年颱風季節攔腰斷了半截，獨留另一棵在深冬寂寞地盛開。

綻放的櫻花成了每天早晨拉開窗簾的奢侈風景，伴隨著冷空氣，霧與蜂、鳥，從冬末燦爛到早春。

並不是所有櫻花品種都適合鹽漬，大部分的櫻花品種漬來帶有澀味。八重櫻品種當中的「關山櫻」，複數花瓣如牡丹般華麗優雅，胭脂花色盛放時，整棵櫻花樹像極了滿開的粉紅爆米花。關山櫻的口感也是最適合鹽漬的花種。

鹽漬櫻花的用途廣泛。除了用來製成櫻花大福、紅豆麵包、櫻餅、羊羹、水信玄餅等和菓子，泡一杯櫻花茶，或釀製成櫻花酒，都是值得品嚐的早春幸福滋味。

春天很快就過去，醃漬的櫻花會把季節留下來。

說實在的，醃漬櫻花嚐起來的口感與淡雅氣味並不特殊。
特別的是，透過顏色的渲染與纖細造型，在入口的同時，
也品嚐了稍縱即逝，如俳句一般的細微感受。

鹽漬櫻花做起來有些費時費事。如同吃櫻
花時的夢幻，製作過程的「不真實」，也是
在食物料理經驗裡難得的經驗。畢竟少有
食物，需要舌尖與心靈並用，才能盛開燦
爛的花火。

鹽漬櫻花

材料

櫻花連柄 ————————	100公克
粗鹽或食鹽 ————————	20公克
梅子醋或米醋 ————————	35毫升
鹽 ————————	25公克（保存櫻花用）

做法

1. 將100公克櫻花洗乾淨後，脫水、以廚房紙巾擦乾備用。
2. 把櫻花置於容器內，均勻撒上20公克鹽，上面壓重物，置於冷藏醃兩天。
3. 取出櫻花，用手把因為鹽漬所產生的水分輕輕擠乾後，置於廚房紙巾上再次將水分吸乾。
4. 以35毫升的梅子醋，浸泡擠乾後的櫻花，放在冷藏繼續醃兩天。
5. 取出櫻花，用手把梅子醋的水分輕輕擠乾，置於廚房紙巾上再次將水分吸乾。
6. 擠乾後的櫻花，置於可密閉的容器內，一層櫻花一層鹽。 完成後，將密封容器置於冷藏保存。

TIPS：
醃漬用的「鹽」是「櫻花」重量的20%。

餐桌，辦公桌，写真台

我們把餐桌放在房子的正中央，原本「應該」放沙發的位置。我們在這裡吃三餐，工作，開會，招待朋友，看開票結果，簽保險合約，拍照，和哈利繞圈追逐，整理花材與食材……也是早上起床說早安以及上樓前，互道晚安的地方。

桌面上的功能無論如何變換，桌子底下永遠是哈利的遊樂園。吃飯時，他忙著觀察可以從誰的手上得到一些戰利品。工作時，他會選一雙舒適的腳，當枕頭。

同事Daniel也提起了他最近將家裡餐桌的位子，從被定義的空間解放出來。「家裡所有的事都在餐桌上解決！」吃飯，做功課，罵小孩，家庭會議……餐桌被移到房子裡光線最充足的落地窗邊，使用率低，佔地卻最大的沙發則退居角落。空間可以細微地改變生活，也影響互動間的親密生疏。

我們在羅品喆導演家裡吃過晚餐。座落於市中心的房子內，老木頭大餐桌橫跨在兩扇窗子下方，傍晚的夕陽將桌面染得金黃透熟。導演端上一道道記憶中媽媽的拿手菜色，一群人圍著厚實的餐桌，晚餐的味道，樸實溫柔……

「在大樹下野餐！」把森林搬到餐桌上，只是我們和朋友一起
用餐時許多有趣的主題之一。其他還有：「網走海鮮總匯」、
「金盞花大酒店」、「瑜伽放一邊」……

我有收集餐巾紙的小嗜好。各式圖案的紙巾，十分稱職地在餐桌上扮演了畫龍點睛的角色。當作餐具的襯底，或在派對場合作為口布，不但整體品味加分，也可減少令人「神經緊繃」的布料使用機會！

「我只用自然光拍照」，十分堅持的背後真相是，我不會打光！

通常預計拍照日的前幾天，得先確認未來一週的氣象預報。好天氣當然諸事順利，不幸陰天下雨，就得準備Plan B。夏天可賺到較長的拍攝時間，太陽提早打烊的冬日，常常就得和時間爭取「光」。

因為常常等待光、觀察光、運用光以及對光線的斤斤計較，目前和光：穩定交往中。

我們有一個固定的辦公區域。但是
偶爾會將電腦帶到餐桌上來工作,
雖然在同一個屋頂下,卻有到了咖
啡店的空間效果,工作的效率與心
情也奇妙地跟著轉變。

「所有的餐具全在架子上面了。」
除了提醒自己，再買就沒有空間擺了之外，也讓所有的餐具
擁有最高的被使用機會。————— Grace

好久不見 1

お元気ですか。

Hey, nice to see you

私處 my place

剛剛卸下歐洲鑄鐵鍋品牌行銷主管職務的Grace，先去倫敦、巴黎休息了一個月。回來後，在她與另一半Kaven剛整理好的新房子裡，繼續將因為長期工作而暫時放一邊的「生活質感」，慢慢找回來。

Grace和Kaven，是我認識的朋友中，少數可以將質感與生活細節完美融合的異數。牆上那座從英國海運回來的餐具層架，從繁複的組裝固定，到最後把餐具陳列定位後的氣勢磅礡。換成我，可能在第一個想法出現時就放棄了！每次朋友聚會的場合，從主題、餐桌佈置到食物設計或酒類挑選環環相扣。我想，執行步驟Step 1，一定是先到花市買一大把鮮花吧！

「所有的餐具全在架子上面了。」這是私處「廚房整理術」最初與最終的奧義。「收到櫃子裡面的餐具，使用率相對降低。」一語說出許多人把有效空間淪為儲藏室的痛點。這是大部分人在既有的空間架構與有限經費之下，不得不暫時妥協的遺憾。他們曾有過這種遺憾，所以在有了屬於自己的房子之後，決定把空間完全釋放。廚房與餐桌成了日常核心所在，輕巧的客廳，只是生活中的過場。

需要累積多少熱情，才足以在生活細處隨時發亮？對於Grace和Kaven而言，這絕對不是問題，要擔心的是，週末聚會餐桌上的「豬耳朵肉凍」，今天不開始準備就來不及了！

私處 my place
@myplacecooking
www.facebook.com/myplacecooking

我們都有過相同的結論:再也不要辦派對了!過程與當下噴發的腎上腺素,的確足夠支撐意志力,將步驟一步步完成。但進入殘局收拾的階段,也登上了厭世的高峰!

然而,一覺醒來,想到朋友們滿足的笑臉,以及被掃空的料理⋯⋯很快地,又開始安排下一次的聚會時間。

伊比利火腿無花果芝麻葉沙拉

2–4人份   Recipe by Grace Wu

材料

伊比利火腿或其他生火腿皆可 ——— 適量
新鮮無花果 ————————— 3顆切成4等份
芝麻葉 ———————————— 適量

當我請Grace提供這道料理的
內容，好讓我放進書裡，她說
了一聲「好」之後，三分鐘內就
把食譜傳過來了……

這就是Grace的料理風格，隨
意又優雅，而且富實驗精神。
她常挑戰一些有難度的食譜，
也樂於分享成功與挫敗。

做法

1. 將切成4等份的無花果置於盤子上。
2. 擺上2–3片芝麻葉。
3. 再用生火腿置於芝麻葉上，或包覆捲起。

TIPS：
食用時，可淋上適量的初榨橄欖油或陳年酒醋，增添風味。

私處的「便當日常 daily Bento」，不只是上班族們的夢幻逸品，也是Grace和Kaven閃瞎人的甜蜜日常。

(goo.gl/VrnxDq)

Photo by 私處

「私處」，是一個理想的拍攝「道具間」。
大部分從歐洲搬回來的餐具，為食物找到
最適合的出場樣貌。屋內每一個適得其所
的居家空間，上演著「生活在雜誌裡」的
實境秀。

螃蟹炒年糕

2–4人份   Recipe by Baggio Hung

材料

紅蟳	兩隻（去肺後將身體切成六塊）
寧波年糕	一包約450公克（先泡水）
薑	10公克（切片）
大蒜	一把（切片）
洋蔥	半顆（切絲）
青蔥	一把（切段）
南洋叻沙醬	120公克（或是以泰式辣蟹醬替代）
米酒	少許
水	100毫升
醬油	10毫升
中筋麵粉	少許

做法

1. 將紅蟳沾些麵粉，用油煎到上色後撈起備用。
2. 在炒鍋中爆香薑、大蒜、洋蔥、青蔥後，再把紅蟳倒入鍋中拌炒。
3. 加入酒，待酒精蒸發，再倒入叻沙醬翻炒均勻。
4. 接著倒入水、醬油以及年糕，加熱十分鐘待食材入味收汁，即可上桌。

這是一道所謂的「大菜」。

只要螃蟹夠活跳新鮮，無論家人朋友聚會，或是新年團圓時刻，上菜時的大將之風，已經足夠確立其「主菜」地位。

風徐徐 homebibi

我們的好朋友「日常生活 a day」，在風城開了第二家店「風徐徐 homebibi」。第一個月的試營運期，在沒有任何宣傳下，藉由網紅、網美在現場打卡、直播、拍照上傳IG……意外地吸引了更多前來朝聖的網紅、網美……

狹長型的空間，以白、藍、深灰為基調，點綴著鮮亮的黃色。時髦優雅的設計，客群屬性設定十分明確。祕密武器則是，各款女性們會對號入座的甜點與飲料。

「白雲的眼淚」，在水果凍氣泡飲上方，放一大球粉色系的棉花糖，有著淡淡憂愁名字的飲品，卻以華麗的姿態昭告天下，這不就是「網美」的內心戲嗎？

五年前開幕的「日常生活 a day」，是台北最早提出「北歐生活風格」概念的咖啡店。五年來的每一步，都圍繞著這個核心前進。「風徐徐」則是在觀察網路與世代趨勢之後，另一個線下的實體社群日常。

為什麼第二家店會選擇新竹？下次拜訪時，不妨親自向「風徐徐」尋求答案！

風徐徐 homebibi
@homebibicafe
www.facebook.com/homebibicafe
新竹市東區民權路102號
03-535-5571

參加了「風徐徐」的開幕派對，也負責現場的食物陳列。當日熱鬧滾滾，許多親朋老友大老遠前來獻上祝福。那天有些熱，但真的有徐徐微風……

以當地食材作為創作靈感來源，是新一波的餐飲趨勢，「風徐徐」也走在這條路上。派對當天的食物，由「主廚流浪中」的Ted Liao設計，他巧妙地米粉、客家小炒、貢丸、金桔等尋常的在地食材，變身成為有趣時髦的咖啡店小點。Ted也會延續相同的創作概念，在「風徐徐」平日的菜單中呈現。

檸檬森林

8–10人份 　　　　　　　　　　　　Recipe by Ovan Ho

材料

甜派皮

低筋麵粉	100公克（過篩）
高筋麵粉	100公克（過篩）
泡打粉	1公克
無鹽奶油	100公克（切小塊，室溫）
砂糖	100公克
蛋	2顆

檸檬布丁餡

蛋	6顆（蛋白蛋黃分開）
砂糖	200公克
鮮奶油	200毫升
檸檬汁	200公克
檸檬皮屑	3顆

蛋白霜

蛋白	125公克（約4顆蛋）
砂糖	95公克
糖粉	95公克（過篩）
白葡萄酒醋	1小匙
玉米粉	1小匙

組合

1. 取出冷藏後的檸檬布丁餡。
2. 將甜派皮剝成小碎塊。（切勿剝得太細碎，保留食用時的口感）
3. 堆疊到檸檬布丁餡上。
4. 放入烤好的蛋白霜，即可食用。

做法

甜派皮

1. 奶油切小丁與砂糖打發至霜白色後，分次倒入打散的2顆全蛋繼續混合均勻。
2. 加入過篩低筋麵粉、高筋麵粉、泡打粉，輕輕拌勻後冷藏備用。
3. 在工作台撒上麵粉，將麵糰擀平成一片派皮後，用保鮮膜封好再次冷藏30分鐘。
4. 烤箱預熱到攝氏190度。
5. 取出派皮用叉子在表面輕刺一些小洞，鋪上烘焙紙及烤石後，放入烤箱烤20分鐘。
6. 取出塔皮上的烤石與烘焙紙，將塔皮表面塗上蛋液，回烤箱烤15分鐘至上色即可。

檸檬布丁餡

1. 蛋黃打發至顏色變淺，將砂糖逐次加入，繼續打發至充分混合，或顏色變霜白。
2. 鮮奶油以小火加熱至小滾後，慢慢倒入蛋液，邊攪拌均勻，以防結塊。
3. 分次加入檸檬汁、檸檬皮屑拌勻。不斷攪拌小火煮至攝氏85度左右，或呈濃稠狀。
4. 將檸檬餡舀入小盅，進烤箱以攝氏120度烤25分鐘後放涼，移至冷藏凝結備用。

蛋白霜

烤箱預熱至攝氏150度。

1. 將蛋白放進乾淨的大碗中，打發至乾性發泡，倒扣不會掉下來的狀態。
2. 分次加入砂糖與糖粉，攪拌至有光澤感。
3. 加入白葡萄酒醋與玉米粉，混合均勻。
4. 放入擠花袋，在鋪了烘焙紙的烤盤上擠出水滴狀造型。
5. 放進已預熱至攝氏150度的烤箱，烤80至90分鐘，取出放涼備用。

工作的餐桌

ワーキング テーブル
Working Table

小器生活料理教室

不冷的冬天有些像提早來臨的春天，有時候大衣有時棉衫。沒有葉子的山櫻花也開始冒出桃紅色的花苞，一起來喝春酒吧！

挑了兩款適合在這個季節搭配「換季料理」的梅酒。有完熟蜜柑風味的清爽梅酒，與豆乳酥皮蘿蔔糕、Pizza一定合拍。具琥珀明亮色澤以及梅肉口感濃郁的梅酒，適合坐下來，一口蘇格蘭日出牧羊人派，一口剛從冬日甦醒的微醺。

—————————————— 春日梅酒屋派對

這是我在「小器生活料理教室」，為其中一堂教學課程所寫的開場文字。

「小器生活料理教室」是我開始料理教學的地方，身兼出版社總編輯的料理教室總監，對食物的表達方式有非常「立體」的觀點，更是台灣將「食物造型Food Styling」企劃出版的先驅，也間接形塑了我往後在不同地方的教學風格。

小器生活料理教室
@xiaoqicooking
www.facebook.com/xiaoqicooking
台北市赤峰街23巷7號
02-2552-6812

小 器 生 活
料 理 教 室

PIZZA PIZZA

別太計較麵皮已經離同心圓越來越遠，或是多了兩片
西班牙辣味香腸。冰箱裡找不到櫛瓜?其實小黃瓜更
有嚼勁。Pizza如果不是刻板中的「Pizza」，一團亂的
日子，也可能遇到同心圓。

豆乳酥皮蘿蔔糕沾桔子梅醬

6–8人份

材料

常溫蘿蔔糕	———	600公克（超市販售長條包裝）
豆腐乳	———	4–5塊
水餃皮	———	1疊
蜂蜜	———	1小匙
植物油	———	750毫升
金桔醬	———	100公克
紫蘇梅	———	2顆
鹽	———	適量

做法

1. 豆腐乳在大碗中，和1小匙的蜂蜜攪拌成泥，備用。

2. 將紫蘇梅壓碎，拌入金桔醬中，加入一小撮海鹽，備用。

3. 蘿蔔糕條切成大約2公分厚度。單面塗上薄薄一層豆腐乳蜂蜜泥，然後切成約3x3公分小塊。

4. 取一張水餃皮，圓周沾一圈冷開水以便黏合，將小塊蘿蔔糕至於中央，水餃皮從四邊對稱回折，把蘿蔔糕包成四方小塊，備用。

5. 取一炸鍋，將植物油加熱至沸點，輕輕將包了水餃皮的蘿蔔糕放入，炸至表面金黃，撈起瀝油。

6. 食用時，沾桔子梅醬一起食用。

微酸的，初夏梅子時光

在季節與胃口一樣青黃不接的餐桌上，端上
梅子入菜的料理或甜點，總會將換季交疊的
皺摺，輕鬆撫平。

趁梅雨季結束之前，到市場買一袋酸澀的青梅，醃漬未來
一整年隨時可以成為生活話題的紫蘇梅、脆梅，或是慢慢
等她陳年熟成。如果在街角偶遇量少、鮮黃透亮的桂葉黃
梅，請不要猶豫，立刻帶她回家。不論熬煮成果醬、烤一
個梅果Galette，甚至直接咬上一口，黃澄澄的軟熟酸香，
讓人胃口大開地迎接夏天的來臨。

· 田舍風杏桃派
· 梅子醋漬山櫻香檳果凍
· 紫蘇梅肉雞腿排

関西風御好燒佐梅子燒醬

4人份

材料

御好燒 | 梅子燒醬

御好燒			梅子燒醬		
高麗菜	——	半顆	紫蘇梅	——	3顆
蝦仁	——	10隻	梅汁或醃梅子的汁液		
花枝	——	1尾		——	10公克
培根	——	3片	伍斯特醬	——	40公克
山藥泥	——	150公克	醬油膏	——	30公克
低筋麵粉	——	200公克	番茄醬	——	40公克
蛋	——	1顆	味醂	——	40公克
高湯	——	180毫升	細砂糖	——	15公克
鹽	——	適量	BB辣醬	——	5公克
砂糖	——	一小撮			
白胡椒粉	——	一小撮			
美乃滋	——	適量			
海苔粉	——	適量			
柴魚片	——	適量			

做法

御好燒

1. 高麗菜切成大約2–3公分小方塊。培根切對半。蝦仁切對切。花枝去膜、內臟,切約1公分小丁備用。
2. 日本山磨成泥備用。
3. 取一個大碗,篩入麵粉、鹽、砂糖、白胡椒粉。加入山藥泥稍微攪拌後以高湯調整濃稠度。
4. 加入高麗菜、蝦仁、花枝、雞蛋,拌勻成「高麗菜麵糊」備用。置於冷藏,可增加高麗菜爽脆度。
5. 在平底鍋中倒入食用油加熱。將培根排列於鍋子中央,舀入高麗菜麵糊,蓋過培根。以中小火煎至金黃色澤,翻過來煎另一面。
6. 起鍋後,刷一層梅子燒醬,擠上滿滿的美乃滋,撒入適量海苔粉與柴魚片,趁熱食用!

梅子燒醬

1. 紫蘇梅肉去籽搗碎後與所有材料在小鍋中混合,以中小火煮滾後,再燒3分鐘即可。

經典秋日料理

白蘭地比威士忌更適合與栗子和南瓜一起進
烤箱,在秋日清爽的空氣中添加甜味。無需
提醒,渴望冰淇淋的次數逐日降低,除了翻
出薄線衫,第一鍋暖熱的湯底,會在五點過
後開始的夜色中,端上餐桌。

秋天短暫依然,一樣不曾改變的是,在這個季節裡不會錯過
的「經典料理」。永遠是情緒高昂的夏季過後、為了更豐腴
的冬日餐桌之前,開場的暖胃前菜!

· 法式紅酒栗子燉雞　　　· 番紅花奶油淡菜
· 經典孜然細蒜烤茄子　　· 栗子白蘭地南瓜

我的沖繩食堂（島唄、黑糖與咿呀沙沙）

Orion啤酒、三弦琴、豚足燒、石疊町、風獅爺、咿呀沙沙……島人的鄉愁從來不嫌多！家庭料理也是。沒有刺目的優雅與華麗的登場，整個沖繩都是我的「療癒食堂」。

- 經典沖繩炒苦瓜
- 紅芋雞蓉可樂餅
- 海島微風三品

  油煎茄子佐焦炒地雞紅味噌
  小卷青木瓜絲涼拌島辣椒
  本島萵菜拌白味噌木棉豆腐泥

一直記得在雪梨冬日街頭，第一次嚐到薑與胡蘿蔔濃湯的味道。溫暖的顏色與細微辛辣的記憶，無添加地存入我的「療癒食物櫃」。

孜然調味的鷹嘴豆，像森林裡掉落的毬果。混合了蒜粒、檸檬汁與細海鹽攪拌成型的腰果霜，是橙色濃湯裡，隱藏版的木質調驚喜。

在新年，美好的餐桌

光是把迷迭香、海鹽、慢慢煎乾的氣味，
就讓整個廚房溫暖了起來。磨成粗粒的香
料鹽，隨著攤開的豬胛肉，慢慢捲成一大
圈。披上豬皮外套，捆牢，然後在迷迭香
灌木叢中，繼續打滾！趁豬肉捲在烤箱待
到最完美的顏色之前，還有許多時間可以
熬煮楓糖蘋果醬，或是喝一杯茶。

· 胡蘿蔔、薑、番紅花與堅果奶油濃湯
· 葛瑞爾乳酪烤蕈菇管麵
· 迷迭香烤豬肉捲佐楓糖蘋果醬
· 荳蔻橙皮肉桂，香料熱紅酒

如果換成帕馬森乾酪，或莫札瑞拉乳酪，都可以
讓管麵的峰頂繚繞著濃郁的乳脂香氣。

焦糖化的洋蔥和大蒜，在挖開融化的乳酪後，直
接竄進腦門打招呼！煮軟的白色花椰菜口感是清
爽的，就像在全身裹著緊緊的冬天，吃了一口蜜
瓜口味冰淇淋。

莓果奶酥派佐香草冰淇淋

6–8人份

材料

綜合冷凍莓果 ———— 800公克

無鹽奶油 ———————— 200公克

肉桂葉 —————————— 2片

檸檬 ——————————— 2顆

低筋麵粉 ———————— 200公克

糖 ————————————— 100公克

鹽 ————————————— 適量

牛奶 ——————————— 適量

做法

烤箱預熱至攝氏180度。

1. 平底鍋內加入30公克奶油以小火融化，放入綜合冷凍莓果與肉桂葉拌炒。

2. 加入糖炒至融化，倒入檸檬汁翻炒至綜合冷凍莓果軟化，產生果膠即可。

3. 將無鹽奶油切成小塊。麵粉篩過，與鹽一起與奶油捏成粗粉狀，若太乾燥可以牛奶調整濕潤度。

4. 將莓果餡放入烤盅，上面均勻鋪上奶油麵粉粗粒，放進已預熱至攝氏180度的烤箱烤15分鐘。

5. 食用時可加一球香草冰淇淋，淋上陳年紅酒醋，更增添風味！

Matthew's Choice 馬修嚴選

曾經和「馬修嚴選」團隊去了雲林古坑，拜訪一位種植百香果和鳳梨的小農。小農使用有機耕種方式，將收成的百香果、鳳梨，交給馬修製作成果漿。

種植作物的農地看起來不起眼，耕作方式不起眼，原始的交易模式也不起眼……而這些尋常不過的環節裡面，卻藏著最簡單的「原點」。對待土地的方式，順應季節的更替，人與人之間的信任與承諾……

在馬修，常說一句話：「不要跟別人一樣」。堅定地把不一樣的想法生根，讓念頭成真，一個念頭，足以改變生活的面貌，回到事物最簡單的原點。

串起許多小農的馬修，自己彷彿也變成了「小農」。別人不會做的事情，他們讓它發生。所以，氣候特別熱的年份，食用玫瑰的產量自然告急，冬天遲到了，草莓也亂了腳步……謝絕均值不斷貨的化合控制，馬修的商品就像完熟後，從樹上自然落下的果實。

我在幫馬修嚴選設計、拍照食譜時，也懷著一顆「小農」的心。用僅有的全部，撒下種子，慢慢澆水，等待花開、結果……

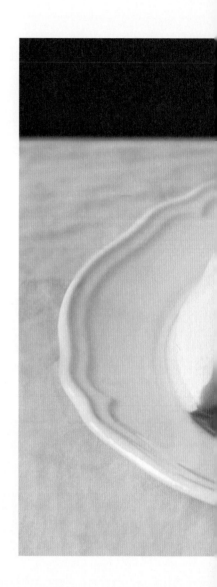

Matthew's Choice 馬修嚴選
@matthewschoice
www.matthewschoice.com

迷你荷蘭寶貝優格鬆餅

取出烤皿時，蓬鬆的鬆餅會慢慢陷落，形成一片山谷。撒上糖粉，舀一大匙「馬修原味優格」於凹陷底部，依序放上「馬修洛神烤燕麥」、新鮮水果、「馬修果漿」，最後淋上「馬修龍眼蜂蜜」，趁溫熱食用。建議搭配紅茶或咖啡，更添風味！

串烤雞腿肉與蔬果佐辣味優格醬

將「馬修原味優格」與孜然粉、黃薑粉、茴香粉、紅椒粉、馬修龍眼蜂蜜、棕櫚糖、少許鹽在碗內充分混合後,放進雞腿肉與檸檬片。移至冰箱冷藏至少一小時,醃漬一晚更入味!

這是一道可以用烤箱、烤盤、平底鍋或是直火串烤的印度料理。氣味濃郁的香料與調味,搭配清爽的優格食用,平衡解油膩。

155

莓果優格奶酪

4–6人份

材料：

馬修原味優格	500公克
馬修覆盆莓果漿	適量
新鮮莓果(草莓、藍莓、覆盆梅或任何季節性莓果)	
	適量
牛奶	500毫升
砂糖	100公克
香草莢	1/2支
動物性鮮奶油	20毫升
吉利丁片	5–7片

做法

將1/2支香草莢對切，把裡面的香草籽刮出備用。

準備一個可容納約1300毫升容量的模型。

1. 將吉利丁片，置於冷水中泡軟，約15–20分鐘。

2. 把牛奶、砂糖、香草籽於鍋中加熱至冒煙點，或鍋子邊緣開始冒小泡泡，關火。

3. 放入泡軟的吉利丁片攪拌至融化，再拌入動物性鮮奶油。

4. 稍微降溫至20度後，加入馬修原味優格攪拌均勻，過篩2–3次至均勻滑順。倒入模型中，置於冷藏室至凝結。(約3–5小時)

5. 搭配新鮮莓果和馬修覆盆莓果漿一起食用。也可試試不同風味果漿的搭配變化！

香料煎雞腿鳳梨優格咖哩＋芒果 Lassi

在鍋內倒入椰子油。小火熱油後，將芫荽子、
黑胡椒粒、花椒粒、丁香、豆蔻、乾辣椒、月
桂葉、肉桂棒慢慢煎至香味釋出……

由種子、香料構成的印度料理世界，爆香的種類、比例拿捏，
具有極高的自由度，也會創造出魔法一般的獨家香味。

芒果蝦炸餛飩優格沙拉

雲吞、餛飩、扁食、炒手……令人驚豔一種食物有那麼多美麗的名字。芒果漿、乳酪、鮮蝦,把即將收假的夏天,兜進半透明的金黃色包包中。

切成小丁的蝦仁、新鮮芒果與馬修芒果果漿、莫札瑞拉乳酪絲、黃檸檬皮屑、海鹽,於大碗中拌勻。取適量拌勻的芒果蝦粒,置於餛飩皮中央,將餛飩皮包成任何可以想像的「創意」形狀。

芒果蝦炸餛飩優格沙拉

4–6人份

材料

餛飩皮 ——————— 1小袋
蝦仁 ——————— 15尾（切小丁）
馬修芒果果漿 ——— 1大匙
新鮮芒果 ——————— 100公克（切小丁）
莫札瑞拉乳酪絲 ——— 3大匙
黃檸檬皮屑 ——————— 少許
海鹽 ——————— 少許
油炸用食用油 ——— 300–500毫升
綜合沙拉葉 ——— 適量（瀝乾置於冷藏）
新鮮芒果 ——————— 1顆（切小塊）
馬修芒果果漿 ——— 2大匙

沙拉醬材料

馬修原味優格 ——— 60毫升
馬修百花蜂蜜 ——— 30毫升
特級初榨橄欖油 ——— 50毫升
法式第戎芥末醬 ——— 1小匙
檸檬汁 ——————— 2小匙
馬修芒果果漿 ——— 60毫升
海鹽 ——————— 1/2小匙
現磨黑胡椒 ——————— 適量

做法

1. 將切成小丁的蝦仁、新鮮芒果以及馬修芒果果漿、莫札瑞拉乳酪絲、黃檸檬皮屑、海鹽，於大碗中拌勻備用。

2. 取一張餛飩皮，四邊以筷子尖端沾冷開水沾濕，作為黏合。

3. 取適量拌勻的芒果蝦粒，置於餛飩皮中央，將餛飩皮包成任何可以想像的「創意」形狀，備用。

4. 於小型炸鍋中倒入食用油，加熱至攝氏180度左右。把包好的餛飩放入油鍋中，炸到金黃酥脆後撈起，

5. 置於廚房紙巾上吸油，備用。

6. 取適量的綜合沙拉葉，擺飾於盤子上，加入切成小塊的新鮮芒果與炸餛飩，淋上2大匙馬修芒果果漿以及適量沙拉醬，即可食用。

沙拉醬做法

1. 將海鹽、現磨黑胡椒以外的所有材料，倒入密封的罐子內，均勻搖晃至乳化即可。

2. 以海鹽、現磨黑胡椒調味。

TIPS：

· 炸了一堆餛飩，除了做成沙拉之外，直接沾原味優格拌適量芒果果漿，也是清爽的吃法。

· 吃不完的炸餛飩，可以冷凍起來，煮好湯麵，放幾個增加口感。也可以當作火鍋料食用。

LE CREUSET

在料理的調味過程中，不幸失手讓味道太鹹、太酸或太辣，千萬不要懊悔地馬上加水挽救，因為加水會沖淡料理原本風味。只要加入適量的「蜂蜜」，馬上讓跑過頭的食物回到常軌！蜂蜜的甜味和料理調和過後，會轉變成淡淡的香氣，若用砂糖替代，食物中則會吃得出甜味……

食譜設計過程所設定的「步驟」，核心目的是將每一步製作過程，充分完成後，才能進入下個步驟。例如爆香，字義上清楚地就是得讓香味釋放出來。紅蘿蔔需要與油脂作用後，會將生味轉化成清甜。焦糖化洋蔥一定得用小火慢慢煎，沒有捷徑……

廚房中必備的調味品有：蜂蜜、檸檬、陳年醋……

以上是我在料理課堂上，不厭其煩，一再重複與同學分享的幾個廚房小心得！料理的美味祕密，或許就是從每個撇步中累積細節，然後把細節放進食物裡面，平衡出最多層次的滋味。

Le Creuset Taiwan
@LeCreusetTaiwan
www.lecreuset.com.tw
台北市忠孝東路四段124號
02-8772-8150

市面上已買得到各種不同顏色的花椰菜。紫色、牛肝菌黃、翠綠⋯⋯

彩色的花椰菜搭配同色系或對比顏色的鑄鐵鍋，烹調過後和鍋子一起上桌，彷彿把整座盛開的花園搬到了餐桌上。

番紅花奶油大蒜烤花椰

味道清雅的花椰菜最適合沾以美乃滋、芥末籽、蒜泥攪拌均勻的「香蒜芥末醬」。

義大利煉獄土司沾蛋

壓碎飽滿汁液的整顆去皮番茄，和義大利辣香腸煨煮至醬汁變濃稠後，打上整顆雞蛋⋯⋯

蕈菇土司盅

吐司切邊，以擀麵棍整平，壓入已塗抹橄欖油的小盅塑成杯狀，進烤箱烤6分鐘後，就成了最簡易的「派皮」。

莓果肉桂楓糖鬆餅

具有鬆餅與烤布丁口感的寶貝鬆餅，食用時，直接以平底鍋上桌。在鬆餅上，搭配無糖優格、檸檬醬、檸檬片與新鮮莓果，淋上蜂蜜，撒上糖粉，趁熱食用。

食物攝影時搭配的素材，尤其餐具內的擺飾，我盡量
以可食用，並且與該道料理烹調過程有所關聯的食材
為主。例如新鮮的香草植物，或是尚未烹調的蔬果。

舒芙蕾歐姆蛋

蛋黃打發後與打發至尖峰的蛋白輕盈混合。煎到金黃蓬鬆後，撒上帕瑪森
乾酪、黑胡椒，淋上適量特級初榨橄欖油與陳年醋，最好趕快吃完。畢竟
舒芙蕾「消風」是不等人的！

希臘烤雞肉卷餅

皮塔餅Pita、Feta乳酪是這道料理的亮點所在。傳統的Feta乳酪以羊奶
製成，雖然現在也採用牛乳製造，但乳酪本身沒有硬殼且易碎的特質，一
樣適合使用在沙拉、比薩或其他開胃菜上。

油漬番茄佛卡夏

2–4人份

材料

高筋麵粉	200公克
酵母粉	1又1/3小匙 (約4.5公克)
砂糖	1小匙 (約4公克)
鹽	1/2小匙 (約3公克)
橄欖油	50毫升 (拌入麵團)
溫水	120毫升 (約30–40度)
橄欖油	1又1/3大匙 (約20毫升，塗抹用)
油漬番茄	適量 (切小塊)
大蒜	2瓣 (切薄片)
橄欖	適量
新鮮迷迭香	適量
橄欖油、海鹽	適量 (調味用)

做法

1. 烤箱預熱至攝氏40度。放一大碗熱水產生蒸氣。
2. 麵粉過篩後置於大碗內，中間撥出小洞，將酵母粉、砂糖、鹽放在中間，以溫水均勻混合，繼續加水把周圍的麵粉拌入。倒入50毫升橄欖油至麵糊中混合。
3. 取出麵糊，在工作台上開始以洗衣般的方式，使用手腕的勁道，開始揉、捏、搓、打麵團，直到麵團表皮拉開測試時，產生「延展性與筋性」即可。
4. 將麵團收成圓形，置於大碗中，蓋上乾淨棉布或保鮮膜，置於已預熱的烤箱中「第一次發酵」40分鐘，直到麵團大約漲了一倍以上。
5. 第一次發酵完成後，用手指往中間按壓作凹洞測試，若凹洞沒有彈回來，表示發酵完成。
6. 將麵團從碗中取出，在工作台上撒些麵粉，將麵團稍加揉捏、按壓整平，把發酵所產生的氣體排出。
7. 以擀麵棍或手掌將麵團塑型成適當大小，置於塗抹橄欖油的鑄鐵鍋內或烘焙紙上，返回烤箱進行第二次發酵20分鐘。取出後，將烤箱加熱至攝氏220度。
8. 在完成發酵的麵團上，以指尖輕按出「小酒窩」。將油漬番茄、蒜片、橄欖、新鮮迷迭香輕壓在麵團上，淋上適量橄欖油，撒上海鹽，放進已預熱至攝氏220度的烤箱烤20–25分鐘即可。
9. 食用時，可斟酌添加初榨橄欖油與海鹽。

日出太陽蛋烤波特菇

將波特菇放在淋了橄欖油的烤盤上。把炒好的洋蔥和甜椒在「菇碗」底部鋪平。放一片辣香腸、撕成小片的羅勒葉，撒上莫札瑞拉乳酪絲。打一顆全蛋將覆蓋食材，以攝氏180度烤30分鐘左右，或直到太陽蛋微熟。食用時建議淋上陳年酒醋。

坦都里鳳梨烤雞佐甜椒優格

取一大碗，將無糖優格與孜然粉、黃薑粉、茴香粉、芫荽粉、紅椒粉、糖、少許鹽在碗內充分混合後，放入雞腿肉醃漬，移至冰箱冷藏4小時，或放上一晚。醃過的雞肉不論煎、烤都吃得到南亞道地風味。

南瓜鷹嘴豆甜薯古司古司沙拉

材料

甜藷泥

黃番薯	2個
鮮奶油	30毫升
蜂蜜	1大匙
黑胡椒	適量
海鹽	適量

甜藷泥

鷹嘴豆	100公克（罐頭）
咖哩粉	1小匙
平葉巴西里	1小匙
大蒜	2瓣
海鹽	適量
橄欖油	1大匙

古司古司

古司古司	200公克
紅甜椒	1/2顆
洋蔥	1/2顆
大蒜	5瓣
月桂葉	1片
薑泥	1小匙
薑黃粉	1小匙
乾辣椒	1支
檸檬皮	2小匙
新鮮檸檬汁	1/2顆
鮮奶油	30毫升
蜂蜜	1大匙
黑胡椒	適量
海鹽	適量
高湯	300公克

做法

甜藷泥

1. 將番薯烤熟或蒸熟，去皮將果肉搗成泥。加入鮮奶油、蜂蜜增加濕潤度與香氣。
2. 以黑胡椒與些許海鹽調味即可。

鷹嘴豆

1. 瀝乾的罐頭鷹嘴豆，以橄欖油、咖哩粉、平葉巴西里、大蒜、海鹽拌勻。
2. 放入預熱至攝氏180度的烤箱烤至焦香。大約烤30分鐘。

古司古司

1. 取一深鍋，倒入橄欖油，將切碎的大蒜、洋蔥以小火煎至微焦糖化。
2. 加入切成小丁的紅甜椒拌炒。
3. 加入薑泥、薑黃粉、乾辣椒與月桂葉，繼續將甜椒翻炒至軟。
4. 倒入高湯，待滾燙後，加入古司古司蓋鍋悶5分鐘。
5. 將悶熟的古司古司與甜椒拌勻。以新鮮檸檬汁、檸檬皮、鮮奶油、海鹽、黑胡椒與蜂蜜調味後即可後食用。

日常生活 a day

2012年10月，我在「日常生活」辦了我的第一個攝影展「the world in a day 世界很小，廚房很大。在移動的餐桌上旅行」。前幾天在地下室的紙箱內，還看到當時沒發完的小海報，有點褪色的白道林紙上，記憶閃亮、鮮明。

隔年出版的第一本書，用了與展覽相同的名字「在移動的餐桌上旅行」。書雖然沒賣得太好，生活卻增加了許多好玩的新嘗試，不像旅行，比較像一次又一次的小冒險。工作依然忙碌，生活更是充實。開始在「小器料理教室」上課，也有品牌因為喜歡我的拍照風格，所以有了合作……「Le Creuset」的料理課程也開始了。認識了許多人拍了更多的料理照片，也累積了更多對食物詮釋的觀點……

我的第二次攝影展依然在日常生活。展覽中的照片紀錄了第一本書出版後的四年之間，發生於日常之間的趣事。有些是工作，大部分在說生活，其實也不容易分得清楚。「日常生活」猶如我日常中的某一部分，幾次生命裡的轉彎與出發，都從這裡開始。像老朋友也像家人，離開時淺淺的祝福微笑，回來時卻有最溫暖的擁抱。

日常生活 a day
@adaycafe
www.facebook.com/adaycafe
台北市忠孝東路四段553巷46弄11號
02-2766-7776

好友Sandra給了我一棵「西洋接骨木」。接骨木從
古歐洲、早期埃及流傳下來的療癒效果，至今仍然
適用。白色煙花般的花朵，常拿來與蜂蜜製作成飲
料。況且《哈利波特》故事中，就是用接骨木來製作
各路巫師都覬覦的魔杖呢！

初夏的「第三個胃」

對於甜點的信徒而言，二個胃怎麼夠容納繽紛閃耀的甜酸醇香？不論視覺先吃或是相機先吃，甜點絕對是不用入口就足以療癒身心靈的「料理界通靈少女」。

初夏的日常，有芒果、黃檸檬一起跳進甜點裡的輕盈水花，也有Espresso躲在布丁裡趕走一下午的瞌睡蟲。歡迎帶著第三個胃，一起恍神在初夏的午後。

檸檬舒芙蕾

4人份

材料

蛋 ——————— 3顆
無鹽奶油 ——————— 30公克
牛奶 ——————— 125毫升
低筋麵粉 ——————— 20公克
砂糖 ——————— 40公克 (蛋黃用)
砂糖 ——————— 25公克 (蛋白用)
糖粉 ——————— 少許 (裝飾用)
香草莢 ——————— 1/2支

做法

無鹽奶油30公克放置於室溫中軟化。烤箱上下火預熱至攝氏180度。準備四個模具，約180–200毫升容量。

1. 烤模壁面由下向上塗上奶油，讓烘烤時上升方向順暢。撒勻砂糖後將多餘的砂糖倒出，冷藏20分鐘以上。
2. 蛋黃、蛋白分開。蛋黃打發至顏色變淺，將40公克砂糖
3. 分次加入，繼續打發至砂糖顏色呈霜白。
   加入20公克麵粉，輕輕拌勻。
4. 取一小鍋，將28公克無鹽奶油以小火融化，加入125毫升牛奶煮至微熱，約攝氏35–40度，離火。
5. 將少量牛奶加入步驟4蛋糊中快速拌勻，再倒入剩下的牛奶快速混合。香草莢剖半，挖出香草籽加入拌勻。
6. 將牛奶蛋液倒回鍋中，以小火邊煮邊攪拌至濃稠，呈卡士達醬滑順質地，約7–10分鐘。離火蓋上保鮮膜防表面結皮。放冷藏備用。
7. 蛋白先低速打散後，分次加入25公克砂糖，高速打發至倒扣不會掉落。
8. 加入1/3蛋黃糊，快速拌勻，再倒回蛋白中，以刮刀輕盈快速拌至混合。
9. 倒入烤模，將頂部刮平，輕敲排出氣泡，以拇指沿著杯口畫一圈小溝，讓烘烤時上升的柱體更完美。
10. 放入烤盤，以攝氏180度烤13–16分鐘，至表面呈均勻金黃褐色，柱體乾燥即可。
11. 出爐後撒上糖粉，趁熱食用。表面可自由加料，例如：冰淇淋、鮮奶油、優格、芒果泥、漿果泥等。

受邀參與這場跨界的有趣活動，我負責食譜設計、拍攝以及活動現場的料理示範。試著依循Noma的路徑，採擷了北歐食物元素與烹調精神，設計出三道裝在玻璃儲藏罐的日常料理。

·蕈菇薏米藜麥漬章魚沙拉
·瑞典肉丸佐松露油義大利麵
·白蘭地太妃蘋果奶酥

日常生活 X 神廚東京壯遊
特別企劃：a Nordic day 罐子裡的北歐日常

2015年1月，北歐傳奇名廚René Rezepi，暫時關掉他聞名全球，位於丹麥哥本哈根市的「Noma」餐廳，將全部工作人員移至日本東京文華東方酒店，進行為期五周的快閃餐聽活動。美食電影導演Maurice Dekkers記錄了Noma在異鄉重起爐灶的夢饗之旅！

「採擷」絕對是Noma最特別的功課之一。無論從森林裡，曠野中，溪邊，或佈滿苔蘚的岩壁縫隙……René Rezepi在日常中找尋的不只是菇菌、貝類、螞蟻、嫩芽，還有一條通往「有機與在地」的料理哲學小徑。

OLIVIERS & CO.

味道的感受與傳遞很直觀。你說像青草味,可能閃
過我在巴塞隆納市場抓起朝鮮薊聞起來時的生澀。
萊姆對比檸檬的剛柔。九層塔比羅勒更像牡羊座。
小豆島應該住著希臘人?下雨天,挑了混著香草的
鹹味、油脂與陳釀甜酸,然後想像我的地中海,在
秋天溫暖多雨的室內該有的味道,很直觀地。

茄子、海膽、西洋梨、初榨橄欖油、香蕉、杏仁、
柳橙、雪莉酒醋、檸檬汁、番紅花⋯⋯流完口水後
就頭皮發麻,該從哪裡下手?最終,還是回到地中
海飲食簡單、尊重食材的原點,讓風味濃郁的「海膽
& 番紅花海鮮醬」扮演明亮味蕾的角色,其餘的新鮮
主食,就交給一點也不輸南法的台灣菜市場!

下過雨難得回溫的好天氣,混合著涼風與溫暖的陽
光,不怕被曬傷。站在頂樓,隱隱嗅到地中海沿岸
乾燥、晴朗,帶著橙花與各種香草的氣味?陽台上
長滿只有在這個季節才得以盡情伸展的香草,向短
暫的秋天告別,開始在餐桌上懷念陽光的冷空氣,
就要來臨。

生活中偶爾的恍神感受,好像一首隨意斷句的詩,
OLIVIERS & CO. 讓我的詩變成一幅畫,端上餐桌。

O&CO Taiwan
@ocotaiwan
www.oliviers-co.com.tw

· 油漬番茄烤茄子與甜椒
· 焦糖蜜梨佐酒浸白葡萄乾冰淇淋
· 南瓜羊乳酪義大利餃Ravioli
· 手工羊乳酪佐柑橘橄欖油與陳年蘋果香醋

藉由每次幫OLIVIERS & CO.設計、拍攝食譜時的想像，
讓我重回曾經造訪過的地中海沿岸。陽光、海風、乾爽
的溫度，以及空氣中飄著柑橘味道的美好回憶。

巧克力覆盆莓橄欖油蛋糕

6–8人份

材料

70%黑巧克力	200公克
初榨橄欖油	125毫升
砂糖	200公克
杏仁粉	30公克
蛋	5顆（蛋白與蛋黃分開）
糖粉	適量
覆盆莓	適量
無鹽奶油	適量

做法

1.　烤箱預熱到攝氏180度。
2.　取適量無鹽奶油塗在直徑20公分的圓形烤模內模，冷藏備用。
3.　黑巧克力切成小塊，隔水加熱至融化。
4.　加入初榨橄欖油慢慢攪拌融合。
5.　將2/3的砂糖，在融化的巧克力中均勻攪拌。
6.　離火，均勻拌入杏仁粉、海鹽和蛋黃。
7.　取一乾淨大缽，開始打發蛋白，期間逐次加入剩下1/3的砂糖打發。
8.　將打發的蛋白分次與巧克力輕輕混合後，放入已預熱至攝氏180度的烤箱烤20分鐘。
9.　出爐放涼後撒上糖粉，搭配覆盆莓或鮮奶油食用。

bobii 遊樂園

三年前開始，每個週二與週四，我會固定到東門市場旁的「bobii」上班。記得是在第一本書出版後，被老朋友Rian邀請去新書分享，當天還在現場做了個蛋糕卷……不久之後，我就以「設計顧問」的客座身分，開始了每週二與週四，台北、林口來回的塞車生活。

「bobii」是一家以數位為核心的品牌企劃公司，我們花很多時間在品牌成形前的研究與分析，也是每個專案最有趣的部分。我們有機會在最短時間內，密集吸收來自各產業，最核心的SWOT（優勢、劣勢、競爭、威脅）與技術輪廓。所以，設計師們對神戶牛和近江牛的油花分佈，及各部位的切割瞭若指掌；隱形眼鏡的曲率、邊緣切角與保水度如何轉換成溝通語言？原來，賓士車或冰箱的鋼板在成型前的「整平技術」需要毫無瑕疵……

公司有一個大廚房，走路只要三分鐘的東門市場，便成了大家取之不竭的生鮮儲藏室。工作、食物都是關鍵字，「玩樂」也不馬虎。三鐵、全馬常有人挑戰，裁縫、登山、騎車、重訓、電影、羊肉爐……在不用打卡又很少加班的情況下，一人可以認領好幾個項目。我們有三隻柴犬，一隻米克斯和一堆小孩。小孩與狗，永遠是公司裡不可取代的創意總監與心靈按摩師。

歡迎光臨，bobil遊樂園。

樂齊創意 bobii
www.bobii.com.tw
台北市杭州南路131巷33號
02-2391-0585

bobii的廚房使用率頻繁。同事們的午餐不是帶便當就是自己下廚。廚房偶爾也會變身料理教室……

辦公室在東門市場隔壁的好處就是,即使突然發現少一根蔥或一顆蛋,也可以在五分鐘內買到,從容地再回到廚房。

廚房裡有完整的各式調味品，足以應付各類別的料理需求，遇到和食物有關的專案時，更是如魚得水。

圖片中的「山珍海味」，是我們為金邊的飯店客戶拍攝的菜單內容。

每個人都會插花

出門前，因應不同場合上的妝與服裝穿搭；派對時的餐具風格選擇；做菜少不了的食材配色與味道平衡；繪畫或設計工作中對色彩的敏銳度……每個人或多或少都會面對「配色」這門功課，而且也試著去完成。如何把日常中各種「配色」的通用邏輯，運用在「插花」這件許多人直覺需要「技術」的事情上？

是否覺得很熟悉，除了「技術」之外，卡關的就只剩「配色」與「種類選擇」。和做菜時遇到的問題差不多，配色可以藉由基礎的美感判斷，種類選擇則可以依場合、季節不同而變化。接下來，就可以隨心所欲地創作屬於自己風格的花藝作品。

說到底，就是運用「美感」的判斷力，來完成技術以外的事情，這也是最具個人風格的部分。美感可以藉由「觀察」產生，去一趟花市，慢慢地認識每一種花卉的樣子；走進大自然中，仔細觀察不同植物的姿態……至於技術，如固定方法、裁剪的方式或各種流派，建議在熟悉各種花材的運用之後，再去學習也不遲。

我也是一個不會「插花技術」與「攝影技術」的人。借助生活中不同面向的觀察與類比，開始嘗試，然後慢慢定義自己對於「插花」或「攝影」的觀點。與眾不同的「觀點」，永遠比技術吸引人，也更具魅力！

食物是餐桌的一部分，餐具也是，餐桌的佈置陳列以及餐桌上的植物花朵，每一個細節，都是構成一個「完整的」餐桌不可或缺的要素，當然還要有對的人。

Sboon是台灣首家推廣Souping飲食概
念的「精算料理湯」品牌。充分運用食材
的每一個部分，激發食材SuperFood
的本質。

記者會上，我們以「北歐森林實驗室」為
主題，運用地衣植物、樹葉、灌木、樹
枝、苔蘚、樹皮、木頭、花、蠟燭、玻
璃等為素材，規劃出色彩在空間的配置
佔比。
綠色：70%–80%低色度的深淺綠
白色：10%花/蠟燭
木頭色：10%，不含原來木頭桌面

最後，將繽紛的商品置於植物叢中，以
顏色對比襯出商品，連結天然、果實、
源自大地等概念……

野地裡的花，一直是四季的最佳代言人。把季節帶到餐桌上，自然會啟動「美感」的蝴蝶效應……

「教媒體手作聖誕花圈」這是Le Creuset於2016年底企劃的媒體餐敘活動。

接下了這有趣的挑戰之後，便開始著手規劃包含空間陳列風格、花圈種類、動線、拍照背景以及活動之後的晚餐餐桌佈置……當天準備的花材數量，應該可以開一間小型的花店了吧！

這是Le Creuset又一次精彩且細膩的企劃，包含了對季節的敏銳度，媒體的熱情參與及延伸至晚餐的順暢流程……賓主盡歡就是最好的讚美！

好久不見 II

お元気ですか。

Hey, nice to see you

Yokoneco 松鼠食堂

第一次看見黑莓和藍莓結果的樣子。這只是院子裡上百種香草、漿果、灌木等各種植物花草中的一部分。在台中市西區的小巷裡，藏著一座老房子改造而成的祕密花園，之所以祕密的原因是，大門外未見任何可供辨識的招牌，只有常春藤爬滿的老牆和一個有白鴿圖紋的鑄鐵信箱。

老房子改裝成溫暖的「生活」空間。生活的痕跡在室內每個角落細節裡，散發著主人的優雅品味。第一次踏進店內，馬上被質樸、細膩，彷彿來到了某個只存在日本鄉間的「田舍風」小店所驚豔！

夏末秋初的栗子產季，是Yokoneco的「農忙」時節。法式焦糖蜜栗子、白蘭地焦糖栗子醬、蘭姆風味焦糖栗子醬……搶不到的季節限定，只好下一年請早。栗子季一過，緊接著在森林裡的「松鼠市集」馬上展開。「因為松鼠天生害羞又充滿熱情，就像我們……」今年邁入第七回的松鼠市集，和往年一樣害羞又熱情地悄悄開始和結束。沒有大張旗鼓，大排長龍等待入場的「松鼠」們，循著麵包屑，年復一年自動回到森林裡。

在店裡，我吃到了食物許久不見的原始美味。不繁複烹調，仔細找尋食材來源，依照季節把農地裡最時令的滋味端上餐桌……店裡滿室的花材，是主人另一個專業級的生活情趣。喜歡到森林裡撿拾落果、枝葉，善用植物的各種姿態，轉換成空間裡的自然風景。

Yokoneco 松鼠食堂
www.facebook.com/Yokoneco2009
@Yokoneco2009
台中市西區（預約制）
yokoneco2009@gmail.com

即使只是迷你洋蔥與日本茄子，卻蘊含著濃郁又清甜的食材風味。我也吃過鬆軟，帶著堅果香氣的枇杷果核……

採預約制的Yokoneco，試著在生活與家庭之間取得均衡的空間，所以只開放午餐的預訂。

花見宇治抹茶甘味処

我在房子裡看見一棵盛開的櫻花樹。

這樣美麗的印象，一定存在曾經造訪「花見宇治抹茶甘味処」的訪客印象中。兩層樓高，絢爛細緻的櫻花樹長年盛開，從樹下，沿著黑色鑄鐵樓梯，循著花叢走上二樓後，可以穿透樹梢的花隙，看見樹下流動的風景……

好朋友大衛，離開永康街的抹茶甜品店後，回到老家台南，種下了一棵「櫻花樹」，在樹下繼續延續他對抹茶與和菓子的熱情。大衛懷著職人般的精神，一趟一趟前往日本，將道具和難以在台灣複製的京都原味，一點一滴帶回台南。

緩慢，在台南理所當然。在大紅傘下舔一卷抹茶霜淇淋，於是慢慢理解，比雙層樓還高的室內櫻花、兩疊擦拭乾淨的榻榻米、狐狸面具以及在旅行中帶回來的日本風景，站在一起，如此理所當然。

花見宇治抹茶甘味処
www.facebook.com/hanamiwasweets
@hanamiwasweets
台南市中西區西門路二段222號
06–2236–593

· 御手洗柴糰子
· 萌柴刨冰（焙茶柴＆抹茶柴）

要把可愛的柴犬吃下肚？一定覺得於心不忍吧！

在移動的
餐桌上旅行

旅立ち、ダイニングテーブル
The world in the day

海平面＿台東的家

同事媽媽的北部粽，先炒再蒸又加了干貝。一定有花生，直火煮到軟綿的台南粽是另一個同事家的祖傳。以中部雲林為背景的台東粽，是我媽媽每年準時快遞的解鄉愁……台灣的可愛之處在於，小小的島上連粽子這類國民小吃，做法吃法都百家爭鳴！一不小心，北中南部粽便全員到齊，更別說還有湖南粽、潮州粽、廣東粽、北方粽、荷葉粽……以及我超愛的客家粿粽子。

我的老家在太麻里鄉華源村，位於通往南迴公路開始上坡的起點，不只是日出之鄉，也是颱風上陸的靶心之一。颱風季節，家裡除了偶爾停水停電停電話、樹倒了幾棵、媽媽整夜無法入眠、爸爸心愛的盆栽七零八落之外，一切都平安！

爸媽十幾歲時，各自舉家從雲林移居台東，就此落地一輩子。我在台東出生，高中之前的生活都在這裡度過，雖然在台北居住的時間早已超過台東。隨著年紀越來越大，雖然視力越來越差，但某些年輕時被忽略的畫面卻逐漸清晰，然後放大，例如對於家的定義……

一輩子當農人的爸爸退休之後，把老家房子四周當成農
地的延伸，遍植了各類的花草盆栽。每個區域都有栽種
的邏輯與規矩，想增加一株無花果或鼠尾草，得先預約
過後才有機會如願呢！

站在前院就可以看見太平洋的波光粼粼，綠島和蘭嶼也在不遠的前方。每日照表經過的南迴火車為安靜的鄉間節奏來點搖滾樂。

吃了兩天鄰居送來的地瓜葉，回送了剛採下來的皇宮菜，可以讓鄰居也吃上兩天。

在台北難得遇見肉質Q彈的雞肉，趁回家過母親節之際，為媽媽也為自己想念的家鄉滋味解饞。

天空線__曼谷的家

1994年第二次出國，去了曼谷（第一次是沖繩）。往後的歲月裡，鬼打牆地在泰國、台灣、日本之間來來去去，直到前年，我們在曼谷開始有了一間固定居住的房子。

很奇妙的，一但旅行的目的不同，出發的心情也會隨著轉變，以前是出國，現在變回家。旅行時，會利用僅有的時間貪心地吸收一切，現在只會在吃飯的時間出門，因為還多了洗衣服、拖地，還有不能錯過傍晚的運動課程……

原本房子考慮的落點有可能是福岡或是沖繩，選擇曼谷除了工作因素之外，年紀大的水瓶座應該無法繼續一早起床就帶著「面具」說：おはようございます。

房子位於曼谷金融商業區Sathon。對面有W飯店、DEAN & DELUCA，附近還有藍象廚藝學校……位於第30層樓的屋內，可以看見繁華曼谷市區的日出和黃昏。

農曆新年氣氛比台灣濃郁百倍的曼谷，每個購物廣場、
主要街道掛滿極富創意的張燈結綵，簡直是以城市為單
位的裝置藝術展，更不用說那水泄不通，舉步維艱的唐
人年貨大街了。

住家附近有個商業大樓，鄰接捷運站，地下室有
超市和飲食攤，二樓有書店和曼谷最時髦的健身
房，台灣的經貿辦事處也在樓上。我們常在這裡
解決午餐。

冷氣壓縮機太吵，老舊的木地板要不要換？門口缺一張穿鞋子的小矮凳，每週到伊勢丹超市補一次食材和麵包，樓下超市賣的鮮花，每三天會更換一批……

從吃喝玩樂的視角變成柴米油鹽，是旅客和居住者看待這座城市，最大的差異之處。

紅豆麵包

可製作8小個

材料

高筋麵粉 —————— 200公克
砂糖 —————————— 2小匙
酵母粉 —————————— 1又1/2小匙
無鹽奶油 ——————— 30公克(在室溫中放軟)
鹽 ————————————— 1/2小匙
牛奶 —————————— 120毫升(加熱到攝氏35度)
蛋 —————————————— 1顆(打散)
　(牛奶加熱後與蛋混合成140毫升)
紅豆餡 —————————— 300公克(分成八等份圓球狀)

做法

烤箱預熱至攝氏180度。

1. 烤箱預熱至攝氏40度。放一大碗煮沸的熱水,產生蒸氣。
2. 麵粉過篩後,中間撥出小洞,將酵母粉、砂糖放在中間,以120毫升的溫牛奶蛋液均勻混合酵母粉、砂糖後,繼續把周圍的麵粉拌入。接著加入無鹽奶油和鹽至麵糊中混合。
3. 取出麵糊,在乾淨的工作台上,開始以洗衣般的方式,使用手腕的勁道,開始揉、捏、搓、打麵團,直到麵團表皮拉開測試時,產生「延展性與筋性」即可。
4. 將麵團收成圓形,置於大碗中,蓋上乾淨棉布或保鮮膜,置於已預熱的烤箱中做「第一次發酵」40分鐘,直到麵團大約漲了一倍以上。
5. 第一次發酵完成後,以手指往中間向下按壓出凹洞測試,若凹洞沒有彈回來,表示發酵完成。
6. 將麵團從大碗中取出,在乾淨的工作台上撒些麵粉,將麵團稍加揉捏、按壓整平,把發酵所產生的氣體排出。
7. 麵團秤重平均分成八等份,每個壓成小圓形,把均分的紅豆餡包入,置於烤紙上以水噴3-4下,返回攝氏40度烤箱進行「第二次發酵」20分鐘。取出後,將烤箱加熱至攝氏180度,烤10-12分鐘。
8. 剛出爐時,外皮會稍微堅硬,放涼後會自然軟化。

住在森林的
第三年

森につながる小径

Path to the Forest

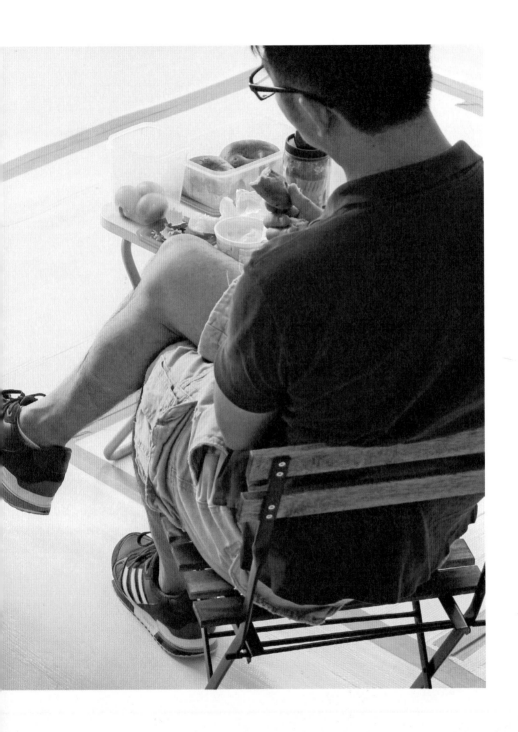

遠眺生活中看不見的風景，是洗水塔唯一值得安慰的收穫。我們在三年內洗了兩次水塔，很難忘記第一次清洗時，水塔內壁一層果凍般黏呼呼的青苔……僅以此照片向連續下水兩次的Kelvin致敬！

吃什麼不是問題，也是最大的問題。一個人可
一個鍋子或一個盤子就解決一餐。三個人有最
迷人的餐桌風景與洗不完的餐具。

我不是在睡覺，就是前往打瞌睡的路上……
我，哈利。這是我六歲八個月的日常。

the Forest

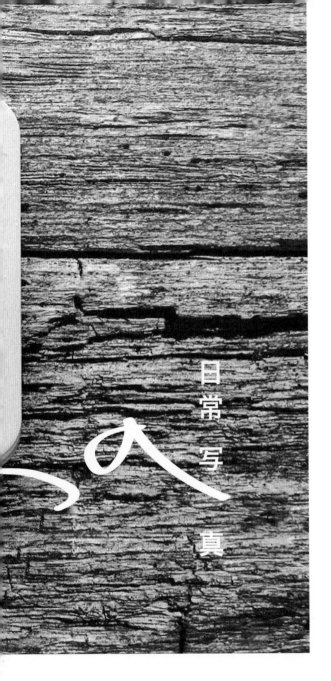

麵包屑

森につながる小径
Path to the Forest

沿著麵包屑，森林中密佈的小徑
哪一條通往出口？
哪一條走向糖果屋？

The Forest
我，哈利
生活的餐桌與工作的餐桌

Boya日常写真展

時間：2017年11月1日–12月2日
地點：日常生活 a day

與書同名的寫真展。在小小的空間裡搬進了一座森林。森林裡有自然成型的生態圈，有「動物」路過踩碎的落葉……

循著小徑，看見我，哈利，生活的餐桌與工作的餐桌。

我，哈利
生活的餐桌與工作的餐桌

作　　　者｜Boya Lee
設　　　計｜asia breezing 亞細亞的風
責 任 編 輯｜林明月
行 銷 企 劃｜林予安
總 編 輯｜林明月

發 行 人｜江明玉
出版、發行｜大鴻藝術股份有限公司　合作社出版
　　　　　　台北市103大同區鄭州路87號11樓之2
　　　　　　電話：(02) 2559-0510　傳真：(02) 2559-0502

總 經 銷｜高寶書版集團
　　　　　　台北市114內湖區洲子街88號3F
　　　　　　電話：(02) 2799-2788　傳真：(02) 2799-0909

2017年12月初版
ISBN 978-986-93552-7-8
定價380元

國家圖書館出版品預行編目（CIP）資料
我，哈利──生活的餐桌與工作的餐桌 / Boya Lee作.
-- 初版. -- 臺北市：大鴻藝術合作社出版，2017.12
256面；17 X 21公分
ISBN 978-986-93552-7-8（平裝）

1.飲食 2.文集

427.07　　　　106021610

最新合作社出版書籍相關訊息與意見流通，請加入Facebook粉絲頁。
臉書搜尋：合作社出版

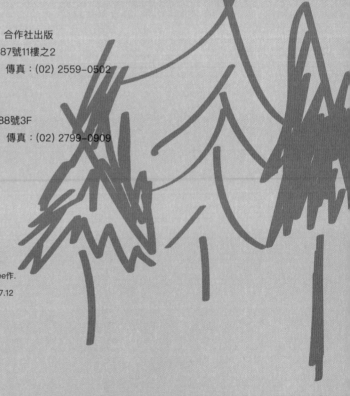